U0063973

月餅少俠

牟艾莉／著
天空塔工作室　初樺／繪

中華教育

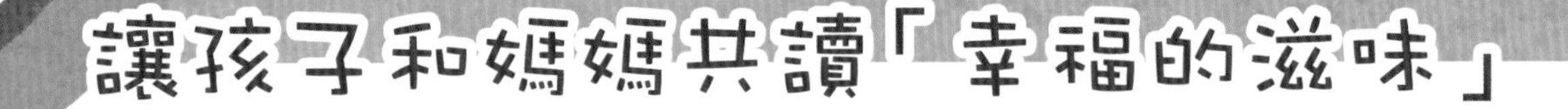

讓孩子和媽媽共讀「幸福的滋味」

「開飯囉！」每天清晨，這句話就像一個溫馨的鬧鐘一樣，讓我和家人迅速聚集到餐桌前。我想這也是很多家庭清晨的一幕吧。其實，在我成為母親之前，我並沒有真正關心過食物。那時的我忙着教學工作和科研事務，是一個不折不扣的「效率派」、「實幹家」。別說烹飪了，我甚至常常忙到連早飯都顧不上吃。

一切的改變發生在我懷孕之時。從那一刻開始，飲食突然成為我生活中每天要關心的事情。我再也不能飢一頓飽一頓，再也不能隨意用垃圾食品填充肚子，我開始認真對待每一餐飲食。也就是從那一刻起，我不得不「慢」了下來，我像發現一個神奇新世界一樣，看見了曾被我忽略的中國美食中那麼多有趣有料的地方。

我寫了六種食物：春餅、柿餅、八寶粥、月餅、糍粑和揚州炒飯。為甚麼會選擇這六種食物呢？

首先，當然因為它們好吃呀！這六種食物囊括了甜鹹酥糯等豐富的口味，你是不是在唸出這些食物名字的時候，就已經快要流口水了？

其次，這些食物來自東西南北，中國的地大物博真的可以濃縮在一道道菜餚之中，舌尖上的中國是精微又宏大的。

最後，也是最重要的，我想借由這些食物去給孩子們講述那些瑰麗的幻想，動情的故事和人生的哲理。《天上掉下鍋八寶粥》教孩子合作互信，《幸福的柿餅》讓孩子學會耐心等待，《月餅少俠》讓孩子變得勇敢，學會堅持，《小偷春餅店》讓孩子懂得勤勞踏實的重要，《打糍粑的大將軍》教孩子如何激發自己的潛能，《變變變！揚州炒飯》讓孩子知道每個人都是不同的。我們要知道，孩子們或許年齡太小，還不能成為廚房裏的廚師，可是他們想像力巨大，他們是天生的故事世界裏的「廚師」呀。媽媽廚師烹飪好吃的食物給孩子，而孩子廚師「烹飪」好聽的故事給媽媽，這是多麼驚喜又浪漫的事呀。

如果您的孩子是一個「小吃貨」，那麼請鼓勵他對美食的熱愛，讓他不僅愛吃，也愛編織美食的故事吧。

如果您的孩子是一個「挑食的小傢伙」，那麼用這套繪本去消除他對食物的偏心吧。

如果您的孩子是一個愛吃美食又愛編故事的小傢伙，那麼，他一定是一個充滿幸福感的孩子。

我希望這套關於中國味道的小書能夠讓孩子和媽媽品嚐到幸福的滋味。小小的美食和小小的繪本，裏頭有大大的世界呢，趕快打開它們吧！

作者 牟艾莉

戲劇文學博士、四川美術學院副教授

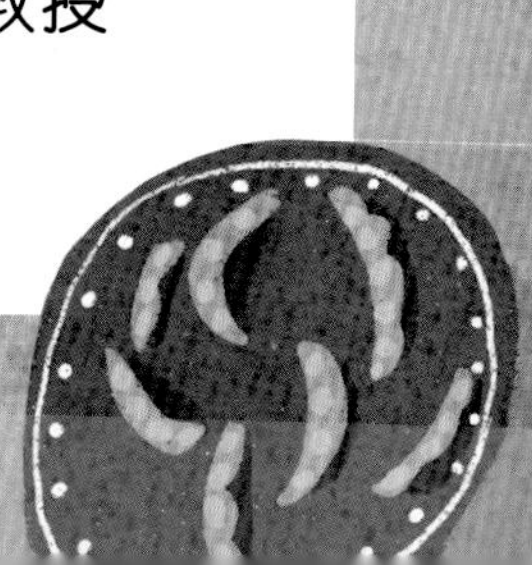

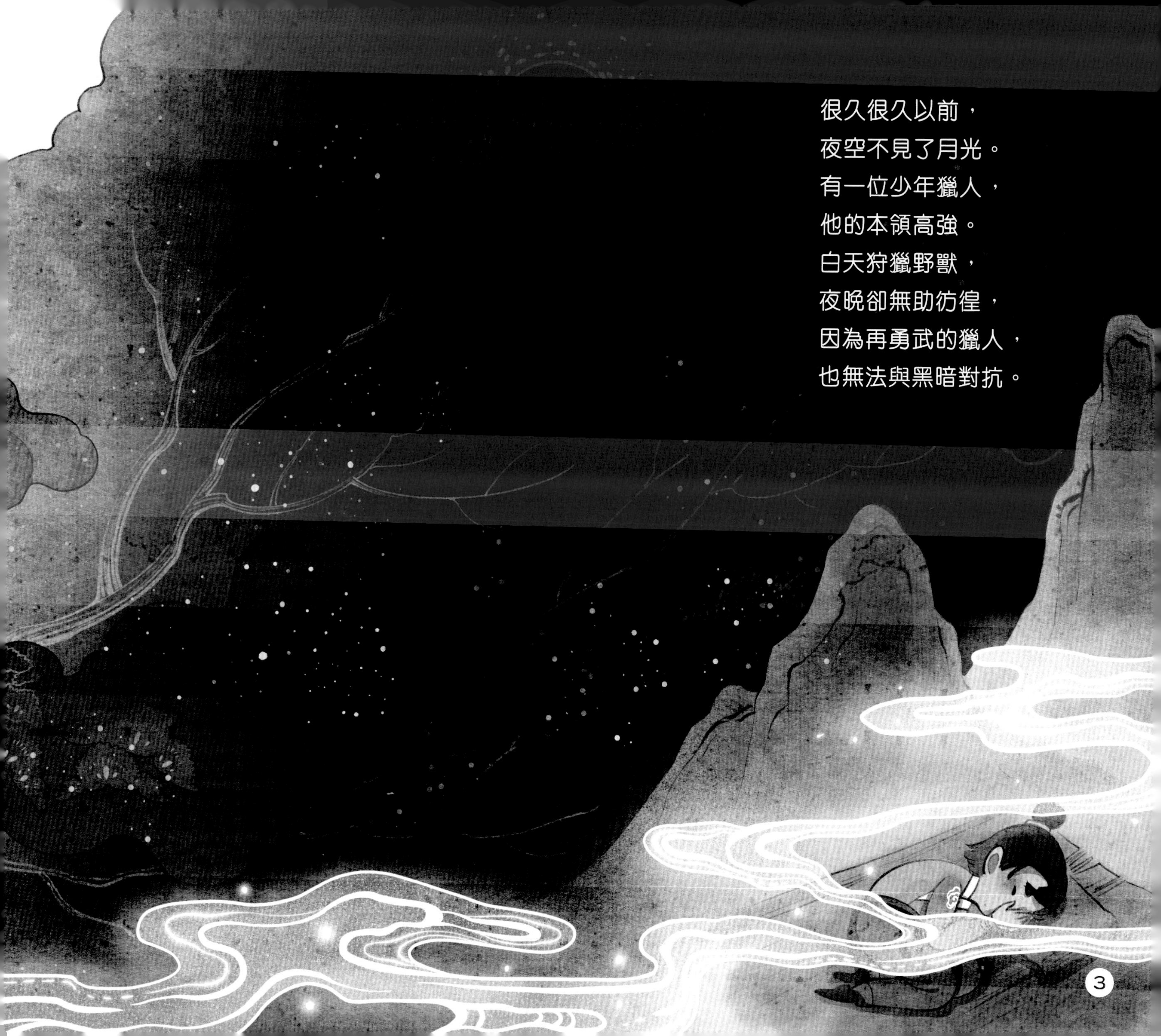

很久很久以前，
夜空不見了月光。
有一位少年獵人，
他的本領高強。
白天狩獵野獸，
夜晚卻無助彷徨，
因為再勇武的獵人，
也無法與黑暗對抗。

小小少年聽說，
有位仙人居於高山上，
她知曉天地間的奧祕，
也知曉萬物中的倫常。
於是少年攀登向上，
躲過林間藏匿的野獸，
不懼烈焰炙烤的驕陽。
三天三夜行至高山盡頭，
終於來到仙人的居所旁。

仙人長耳尖尖，髮絲已蒼，
身着羅裳，衣袂飄揚，
她講起夜晚曾經的模樣：

一輪明月曾散發溫柔的光芒。
不想一日，被一隻怪獸遮擋，
唯有打敗怪獸，才能重現月光。

小小少年誓言找回月亮，
他抓住兩顆流星的尾巴，
像一隻燃燒金翎的火鳥，
飛往夜的盡頭，月亮之上。

月亮被黑色的妖氣籠罩，
一個巨大的黑影目露兇光。
小小少年握緊獵弓，
將一枝利箭搭在弦上。

哪知黑影怪獸不入刀槍，
它狂嘯呼叫令風捲雲蕩，
小小少年被打落山洞中，
遍體鱗傷險些暈厥而亡。

直到小小少年甦醒過來，
圍繞着他的是點點微光。
原來有一羣白色的兔子，
一雙雙眼睛透露着驚慌。

兔子送來一塊黃色麪餅，
少年吃下便恢復了力量。
這塊被兔子叫作「月餅」的寶物，
竟然是牠們最後的食糧。

此刻小小少年方才知道，
月餅能讓兔子獲得能量，
還能讓牠們的身體發光。
這是牠們最喜歡的食物，
而月亮竟是兔子的故鄉！

兔子們原本過着幸福生活，
直到很久之前的一個晚上，
一隻兔子偷吃了全部月餅，
變成一隻不受控制的魔王。

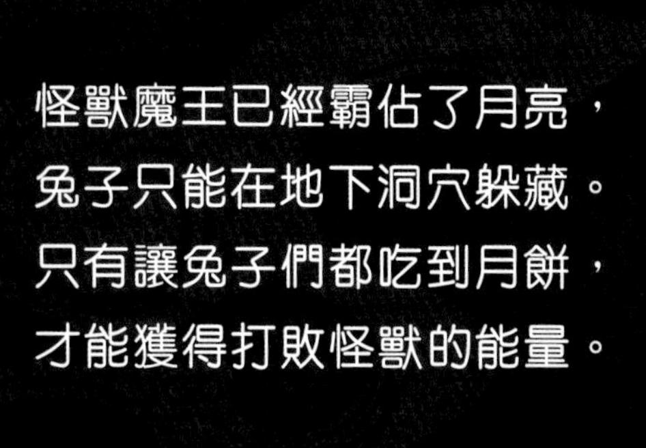

怪獸魔王已經霸佔了月亮，
兔子只能在地下洞穴躲藏。
只有讓兔子們都吃到月餅，
才能獲得打敗怪獸的能量。

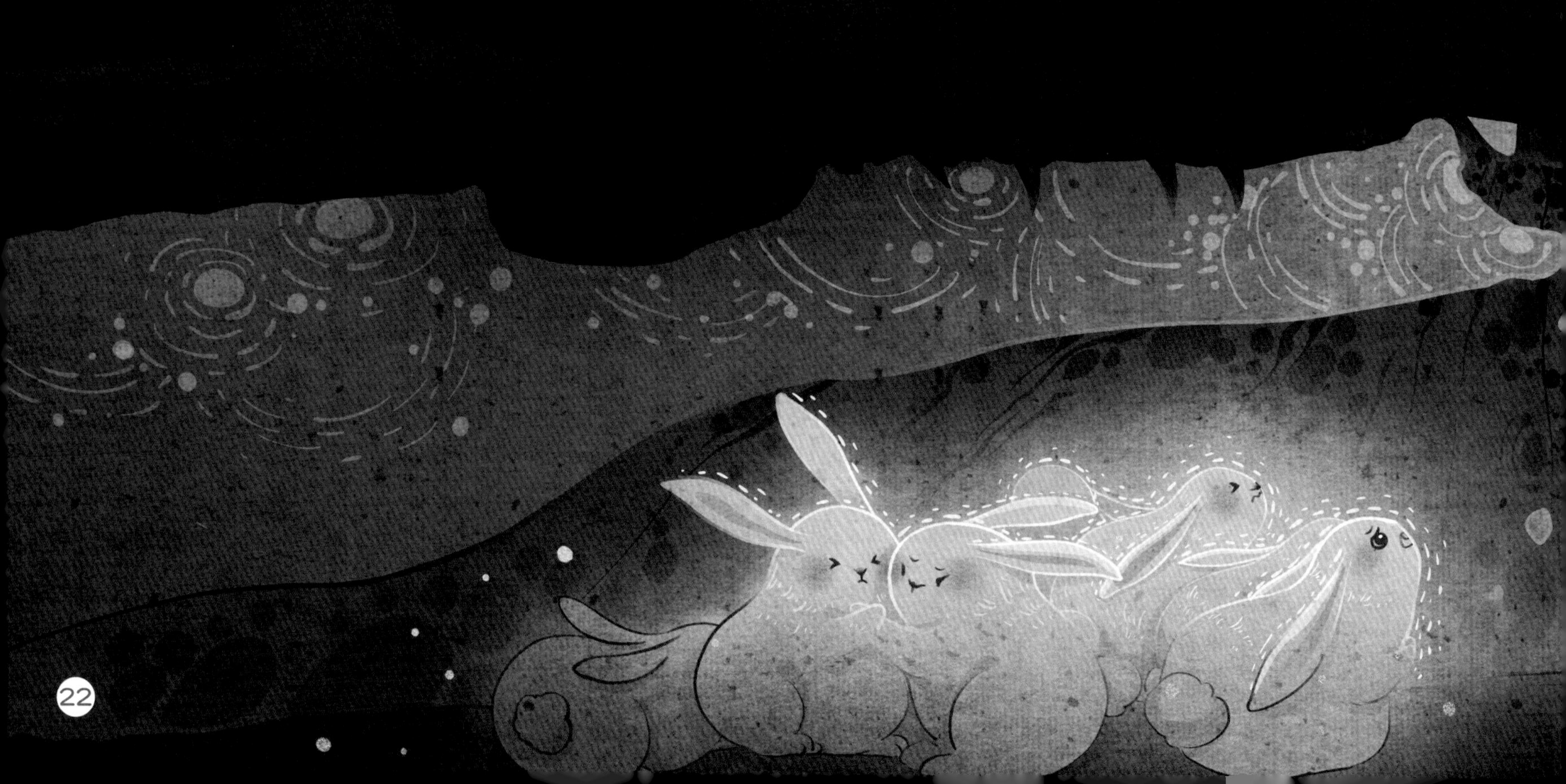

小小少年抓着流星回家鄉，
把月亮上的事對大家宣講。
只要全村人一起來做月餅，
就能讓黑暗的夜重現光芒。
可是村民們全都哈哈大笑，
笑他是痴人說夢天真妄想。

少年只好獨自做起了月餅，
為那些可憐的小兔能歸家，
也為了人間重現明月光華。

❶ 將蜂蜜、油、鹼水在一個大碗中混合，加入麪粉，攪拌均勻，做成麪團，放置一小時。

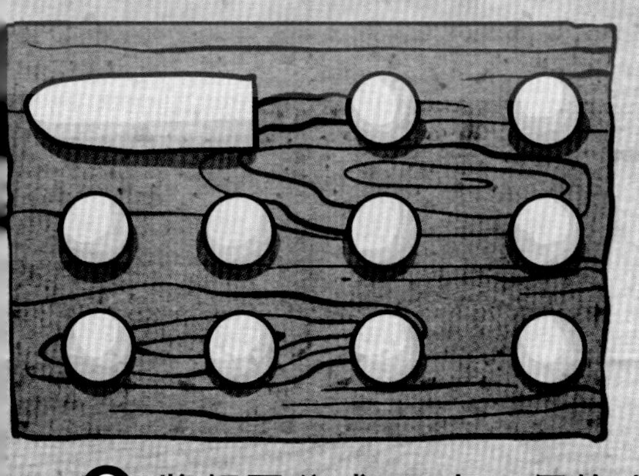

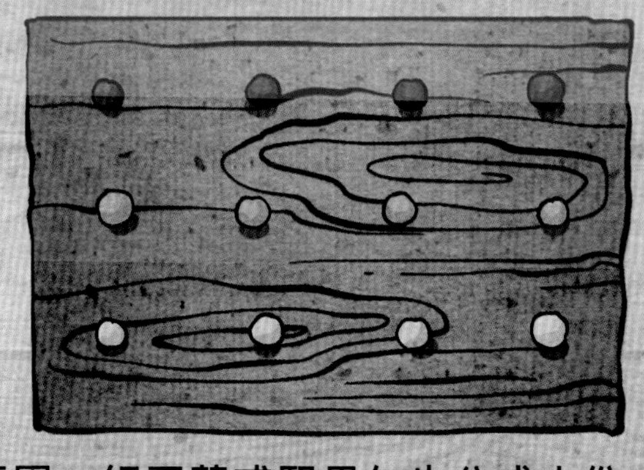

❷ 將麪團分成 15 克一個的小麪團，紅豆蓉或堅果仁也分成小份，用麪團裹住紅豆蓉或堅果仁，搓圓。

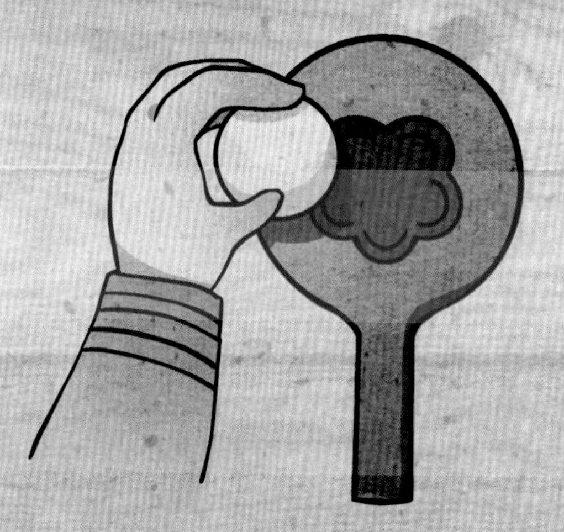

❸ 給搓圓的麪團裹上一層麪粉，用模具將麪團壓成型。

❹ 將一個蛋黃與一匙蛋白混合調出金黃的蛋液，把蛋液塗抹在月餅表面，再噴一點水，烤 5 ～ 8 分鐘，取出，再刷一層薄薄的蛋液，繼續烤 15 分鐘，直至月餅呈金黃色。

兩個月的時光匆匆地流淌，
他用光了所有麪粉與蜜糖。
一千個月餅被他打包裝好，
抓着流星重新回到月亮上。

那月亮上共有十萬隻兔子，
一千個月餅哪夠牠們分享。
只好分給一千隻強壯的兔子，
牠們吃下後開始熠熠發光。
少年獨自一人引開了怪獸，
發光的兔子排出彎芽形狀。

村民們看見夜空中的光亮，
一彎新月竟然懸掛在穹蒼。
他們才又想起少年的忠告，
難道他所講並非胡思亂想？

山頂上的仙人也來到村莊，
向村民證實了他們的猜想。
原來仙人是月亮上的神明，
被那怪獸逼得逃離了故鄉。

全村的人都忙起來了，
生火、揉麪、做餡料：
有豆沙、五仁和蜜糖。
日復一日夜復夜，
烤爐生煙月餅香，
一個、兩個、千百個，
一直做到十萬個。

仙人騰雲飛起把月餅送上，
兔子們都有了足夠的食糧。
牠們吃下月餅把能量釋放，
十萬枚閃光瞬間一擁而上。
黑色魔影被月光驅逐逃亡，
一輪明月正在夜空中升揚。

從此以後每個月圓的晚上，
人們總會想起少年的模樣。
講起這位勇敢的月餅少俠，
他孤身前往為黑夜尋找光。
家家戶戶做起月餅紀念他，
月光皎皎，天上人間如同鄉。

中秋節吃月餅，已經是中國人約定俗成的習俗了，寓意着團圓幸福。

關於月餅的傳説眾説紛紜，流傳最廣的是嫦娥奔月的故事。嫦娥是后羿的妻子，后羿因射日有功，西王母賞賜后羿不死仙藥。嫦娥偷吃以後，便飄然而至月宮。后羿因見不到嫦娥，非常傷心，每年八月十五中秋月圓時，都會做月餅來紀念嫦娥。

其實，早在西周時期，《周禮》中已有「中秋」一詞，「秋暮夕月」，就是説，每逢中秋夜都要迎寒和祭月。

漢朝時，張騫出使西域，帶回了芝麻和胡桃，後來，出現了以芝麻胡桃仁為餡的「胡餅」。到了唐朝，據傳，有一天唐玄宗和楊貴妃一起賞月，唐玄宗覺得「胡餅」不好聽，楊貴妃望着月亮，說出了「月餅」。

不過這只是傳聞，「月餅」一詞正式載於史籍始見於宋朝。北宋之時，這種餅被稱為「宮餅」，最初在宮廷內流行，流傳到民間之後，俗稱「小餅」和「月團」。那時候，月餅還只是一種普通的點心，與中秋也並沒有甚麼特別的關係。

直到明清時期，才有了大量關於中秋節吃月餅的記載。明代田汝成《西湖遊覽志餘．熙朝樂事》中說：「八月十五日謂之中秋，民間以月餅相遺，取團圓之義。是夕，人家有賞月之宴。」月餅隨之被賦予團圓的美好寓意。

責任編輯　余雲嬌
裝幀設計　龐雅美
排　　版　龐雅美
印　　務　劉漢舉

這就是中國味道系列 2

月餅少俠

牟艾莉／著
天空塔工作室　初樺／繪

出版 ｜ 中華教育
香港北角英皇道 499 號北角工業大廈 1 樓 B 室
電話：(852) 2137 2338　　傳真：(852) 2713 8202
電子郵件：info@chunghwabook.com.hk
網址：https://www.chunghwabook.com.hk

發行 ｜ 香港聯合書刊物流有限公司
香港新界荃灣德士古道 220-248 號荃灣工業中心 16 樓
電話：(852) 2150 2100　　傳真：(852) 2407 3062
電子郵件：info@suplogistics.com.hk

印刷 ｜ 高科技印刷集團有限公司
香港葵涌和宜合道 109 號長榮工業大廈 6 樓

版次 ｜ 2022 年 7 月第 1 版第 1 次印刷

規格 ｜ 16 開（210mm x 255mm）
ISBN ｜ 978-988-8807-94-9